DES PURGATIFS

ET DU

SULFOVINATE DE SOUDE

Paris. — Imprimerie scientifique et médicale (Durand),
83, rue du Bac, 83.

DES PURGATIFS

ET DU

SULFOVINATE DE SOUDE

PAR

Le Docteur **JULES BENOIT**

Officier de la Légion d'honneur,

Pharmacien major de 1re classe en retraite, etc.

PARIS

ADRIEN DELAHAYE, LIBRAIRE-ÉDITEUR

Place de l'École-de-Médecine, 23.

1873

DES PURGATIFS

ET DU

SULFOVINATE DE SOUDE

Depuis longtemps déjà, les substances qui, prises à l'intérieur, possèdent la propriété d'augmenter d'une manière notable les évacuations alvines, sont divisées en deux grandes classes : 1° les purgatifs ; 2° les laxatifs.

Cette division est évidemment défectueuse ; pour qu'un médicament laxatif devienne purgatif, il suffit souvent, en effet, d'en augmenter la dose.

Les anciens, qui admettaient un certain nombre d'humeurs particulières avaient établi, en conséquence de cette théorie, des purgatifs spéciaux pour chacune d'elles ; ainsi, ils les divisaient en cholagogues, hydragogues, penchymagogues, etc. Le temps a fait justice de toutes ces singulières hypothèses.

Les propriétés purgatives des diverses substances douées de cette action ne résident pas dans un principe unique ou même dans des principes analogues. Considéré en particulier, chaque purgatif a une manière d'agir qui lui est propre et qui diffère essentiellement de celle de tous les autres, de sorte, comme l'a dit le docteur Guérard, « qu'il n'y a aucune analogie parfaite d'action entre eux et que les distinctions qu'on a établies sous ce point de vue sont toutes artificielles (1). »

Nous n'avons pas à démontrer ici les avantages ou les inconvénients des divers purgatifs actuellement en usage en thérapeutique. Qu'il nous suffise de dire que ceux qui étaient autrefois désignés sous le nom de *drastiques*, la scammonée, le jalap, l'huile de croton, l'aloès, etc., après avoir joui d'une certaine vogue, alors qu'on ne redoutait plus la « redoutable gastro-entérite, » sont aujourd'hui tombés dans un discrédit presque complet. Nous ne craignons pas d'affirmer que c'est justice. Outre les violentes coliques qui suivent l'administration des drastiques, d'un sentiment de cuisson et de tension dans le rectum, ils irritent profondément les intestins, congestionnent les vaisseaux sanguins et sont fréquemment la cause première d'hémorrhoïdes incurables. A ces coliques, à ces contractions violentes du tube digestif, succède une sorte d'inertie de cet organe qui ramène l'accident contre lequel le purgatif avait peut-être été administré, la constipation. Combien sont nombreux les accidents que nous avons eu à constater dans le cours de notre longue carrière médicale, comme conséquence de l'emploi inconsidéré de ces agents, tel que ne craint pas de le conseiller la trop fameuse médecine de Raspail !

Aujourd'hui, les praticiens n'ont recours à ces substances énergiques que dans quelques cas exceptionnels ; ils préfèrent avec raison les purgatifs salins, les combinaisons salines de soude, de magnésie ou de potasse, les eaux naturelles, celles de Pullna, de Friedrichshall, par exemple. C'est un progrès.

(1) Dictionnaire en 30 volumes. Tome 26, page 396.

En effet, ces substances purgent sans causer d'irritation ; l'économie s'en débarrasse assez vite ou par les selles ou par les urines. Ce n'est pas à dire pour cela qu'elles soient toujours sans inconvénient. En effet, leur saveur est amère et désagréable ; ils exigent, pour agir, d'être dissous dans une quantité d'eau relativement considérable, trois à quatre verres. Aussi beaucoup de malades ne peuvent-ils le supporter, et parfois, le médicament est rejeté presque aussitôt qu'il est parvenu dans l'estomac.

Le citrate de magnésie a un goût agréable, il est vrai, mais tous les médecins savent combien ce medicament est infidèle et aussi combien il est dangereux de recourir trop fréquemment à l'usage des sels magnésiens. « Aucun médecin judicieux, dit M. le docteur Rabuteau, ne prescrira ces sels, même le citrate, aux vieillards, et surtout à ceux qui sont atteints d'un catarrhe de la vessie, afin de ne pas déterminer la formation de calculs de phosphate ammoniaco-magnésiens (1). »

Les purgatifs peuvent s'administrer en tisane, en potion, en teinture, en tablettes, en pilules, etc. Je ne parle pas de leur mode d'administration en lavements ou en frictions sur la peau, par la méthode endermique ou catraleptique ; je ne veux m'occuper ici que de leur emploi, le plus rationnel, par les voies digestives. De toutes les méthodes, la meilleure, en effet, est celle qui consiste à administrer le remède par la bouche ; ses effets sont plus certains et plus étendus. Liquide, son action est moins irritante, plus égale et plus sûre qu'en pilules, qui souvent sont rendues par les selles sans s'être préalablement dissoutes dans les voies digestives.

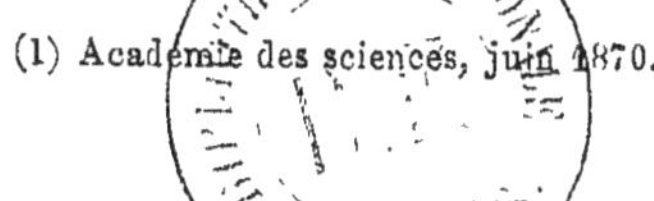

(1) Académie des sciences, juin 1870.

Autrefois, les substances purgatives étaient administrées à
des doses relativement élevées ; l'huile de ricin, les sulfates
de soude ou de magnésie (je ne parle que des plus fréquemment employés) à 60, 80 et même 90 grammes. Depuis quelques
années déjà, il a été reconnu que les petites doses réussissent
aussi bien et quelquefois mieux que les grandes. Aujourd'hui,
la plupart des médecins ne prescrivent qu'une cuillerée à café
ou une cuillerée à bouche, d'huile de ricin, que 15, 20,
25 grammes au plus du sulfate de soude ou de magnésie. Mieux
vaut, en effet, répéter la dose vingt-quatre heures ou quarante-
huit heures après, que d'administrer, pour une seule purga-
tion, une bouteille d'eau de Sedlitz. Ainsi ingérés, les médica-
ments exercent une action moins irritante sur les intestins et
l'estomac, maintiennent plus longtemps les évacuations alvines
sans en augmenter trop le nombre qui, du reste, peut,
par ce mode d'administration, être limité presque mathéma-
tiquement. Il ne faut pas l'oublier, nous l'avons déjà dit et
nous le répétons, les purgatifs pris à haute dose sont presque
toujours suivis de constipation.

Le nombre des substances purgatives dont dispose la thérapeutique est considérable ; nous avons déjà parlé des inconvénients qu'elles présentent le plus fréquemment ; nous
n'insisterons pas.... Qu'on nous permette cependant de dire
un mot de l'abus que l'on fait encore aujourd'hui des eaux
naturelles allemandes, telles que celles de Friedrichshall, de
Pullna, etc. Parmi les raisons qui devraient nous les faire
proscrire à jamais, il en est une sur laquelle nous n'insisterons pas, c'est celle de patriotisme !

En juin 1870, M. le docteur Rabuteau a publié un remar-
quable travail sur les propriétés purgatives du sulfo vinate de

soude (1). C'est sur ce sel que je veux aujourd'hui fixer l'attention de mes confrères.

Quand on ajoute, avec précaution, de l'alcool à de l'acide sulfurique, de manière à ce que le mélange ne s'échauffe pas, on obtient un acide désigné sous le nom d'acide sulfovinique.

A l'acide sulfovinique correspondent naturellement tous les sulfovinates, et en particulier le sulfate de baryte, parfaitement soluble et avec lequel il est facile, grâce à cette propriété, d'obtenir par double décomposition, la plupart des autres sulfovinates et, en particulier, celui de sodium, le seul dont nous ayons à nous occuper ici.

On peut s'assurer de la pureté de ce sel, soit en le traitant par de l'acide sulfurique, ainsi que l'a indiqué M. Limousin (2), soit en l'essayant avec le chlorure de baryum.

Il est, du reste, facile de constater son identité par un procédé des plus simples : en le chauffant dans une capsule de porcelaine, il se fond, se boursoufle, en laissant échapper vers 120° l'alcool qu'il renferme et que l'on peut allumer à sa surface. Le résidu laissé, après cette combustion, est du bisulfate de soude.

Quelles sont les propriétés physiologiques du sulfovinate de soude ? Sans nous préoccuper des expériences faites à ce sujet par M. le docteur Rabuteau, sur les animaux, expériences qui datent de 1869, nous ne nous occuperons, dans ce qui va suivre, que des effets de ce sel sur l'homme.

(1) *Gazette hebdomadaire*, juin 1870.
(2) Société de médecine pratique, séance du 9 juin 1872.

Après les premiers essais faits sur lui-même par M. Rabu-
eau et par plusieurs de ses amis, il fut parfaitement démontré,
qu'à la dose de 10 à 15 grammes, le sulfovinate de soude agit
comme purgatif et augmente, en même temps, l'excrétion
urinaire.

La clinique des hôpitaux et nos observations personnelles,
confirment ces résultats qui, aujourd'hui, ne peuvent être mis
en doute.

Dans l'*Union médicale* (1), le docteur Rabuteau a résumé
dans les conclusions suivantes, les propriétés thérapeutiques
du sel dont nous nous occupons :

1° Le sulfovinate de soude purge à des doses relativement
faibles ;

2° Le nombre des selles varie suivant la quantitée ingérée.
Les effets commencent à se manifester en général au bout
d'une heure.

3° Le sulfovinate de soude est le plus doux des purgatifs
salins, sans doute parce qu'il n'est pas exclusivement minéral
comme le sulfate de soude. Il ne produit aucune fatigue,
aucune douleur ; il fait même disparaître les coliques qui
pouvaient exister avant son administration, par exemple, dans
certaines diarrhées qu'il peut arrêter rapidement.

4° Ce médicament ne produisant aucune douleur, aucune
contraction intestinale anormale, agissant en un mot comme
type des purgatifs dialytiques (2), peut être prescrit même pendant la menstruation et pendant la grossesse.

5° A cause de sa saveur très-faible d'abord, puis sucrée, il

(1) *Union médicale*, 25 janv. 1873. — Soc. de biologie, 1870, page 110.
(2) Les purgatifs dialytiques ont une action comparable à ce qui se

est pris sans répugnance par les personnes les plus difficiles et par les enfants.

6º Le sulfovinate de soude doit être préféré au citrate de magnésie, attendu qu'il présente les avantages et non les inconvénients de ce dernier sel. D'abord, il est plus agréable à prendre que ce dernier médicament lorsqu'il est dissous dans l'eau de Seltz ; en second lieu, il ne peut déterminer la formation d'aucun calcul.

Dans ces propositions, qui résument en peu de mots et très-exactement l'action qu'exerce sur l'économie et, en particulier, sur les voies digestives, le sulfovinate de soude, nous nous permettrons d'ajouter un mot sur celle inscrite sous le nº 4.

Depuis plusieurs mois, les journaux de médecine on discuté la question de savoir si un purgatif pouvait être, sans danger, administré à une femme enceinte, parvenue à un terme assez avancé de la grossesse. A cette question, on peut répondre, sans se tromper, *oui* et *non*.

Non, si l'on emploie, par exemple, les purgatifs drastiques qui en irritant les intestins, provoquent des contractions parfois très-intenses et très-pénibles. Il est évident que ces contractions peuvent déterminer celles de l'utérus et produire soit un avortement, soit un accouchement prématuré.

Oui, si l'on a recours à un purgatif dialytique comme le sulfate de soude et surtout le sulfovinate de soude, mode

passe dans le procédé chimique désigné sous le nom de dialyse ; on sait que ce procédé consiste en la séparation et en la purification de certaines substances à l'aide d'un appareil appelé dialyseur.

d'action démontré par des expériences directes présentées à l'Académie de médecine (1), l'année dernière, par M. le docteur A. Moreau, membre de cette assemblée.

Dans tous les cas, les nombreuses observations recueillies dans notre pratique particulière, nous permettent d'affirmer que ce médicament peut être pris, sans inconvénient, par les femmes pendant leur menstruation et leur grossesse.

Nous venons de démontrer la supériorité du sulfovinate de soude sur tous les autres purgatifs, quels qu'ils soient. Les médecins qui ont eu jusqu'ici l'occasion de le prescrire, seront de notre avis. Il ne faudrait pas croire, cependant, qu'à ce point de vue, « tout soit pour le mieux dans le meilleur des mondes. » Non. Le sulfovinate de soude le plus pur, tel que le donne la préparation la plus parfaite, laisse quelque chose à désirer : il est hygrométrique ; et ne peut se conserver que dans des flacons bien bouchés ; sa saveur quoique sucrée, n'est pas aussi agréable qu'on a bien voulu le dire ; son administration laisse après elle un goût *sui generis* qui ne tarde pas à fatiguer le malade.

Dès 1870, après avoir préparé nous-mêmes, avec le plus grand soin, du sulfovinate de soude et l'avoir ingéré pour combattre une diarrhée rebelle dont triompha cette médication, nous constations ces défauts et nous cherchions à y remédier. Notre but est aujourd'hui atteint. Grâce à une heureuse combinaison et à l'addition d'une matière sucrée et légèrement acidule, le PURGATIF sur lequel nous appelons l'attention de nos confrères est aujourd'hui, sans contredit, le plus facile

(1) Académie de médecine, février 1872.

et le plus agréable à prendre, et il a tous les avantages du sulfovinate de soude.

Il ne nous appartient pas d'énumérer tous les cas patholo-giques ou prophylactiques dans lesquels le purgatif auquel — comme garantie de son action — nous avons cru devoir donner notre nom, doit être prescrit. D'une manière générale, il con-vient toutes les fois que le praticien voudra obtenir des éva-cuations alvines, toutes les fois, en un mot, que la *médication purgative* ou *laxative* sera jugée nécessaire.

MODE D'EMPLOI DU PURGATIF BENOIT

La dose contenue dans chaque flacon est de 30 grammes. Une dose est nécessaire pour produire un effet PURGATIF. La moitié du demi-flacon suffit quand on veut obtenir simplement un effet LAXATIF et recourir au purgatif plusieurs fois en une semaine. C'est contre la *constipation* le meilleur mode d'administration.

La dose entière doit être dissoute dans un grand verre d'eau *ordinaire, sans sucre,* que l'on avale, en une ou plusieurs fois, le matin, à jeun.

La demi-dose peut être dissoute dans un demi-verre.

L'effet *purgatif* ou *laxatif* se produit ordinairement une heure après l'ingestion du médicament. Il n'y a donc aucun inconvénient à prendre son premier repas à 9, 10 ou 11 heures et à vaquer ensuite à ses occupations ordinaires.